CIDRE,

DIT VIN DE POMMES OU DE POIRES,

MANIÈRE DE LE PRÉPARER

Selon la Méthode de Normandie,

Par un Agronome du Canton de Penne.

JUILLET 1854.

PRIX : 50 CENTIMES.

TYPOGRAPHIE DE G. LEYGUES, A VILLENEUVE-SUR-LOT.

CIDRE,

DIT VIN DE POMMES OU DE POIRES,

MANIÈRE DE LE PRÉPARER

Selon la Méthode de Normandie,

Par un Agronome du Canton de Penne.

JUILLET 1854.

Quarè agite, ô, proprios generatìm discite cultus,
Agricolæ, fructusque feros mollite colendo.

Allons; voyons, Agriculteurs, apprenez quels sont les soins convenables à donner à chaque culture, et adoucissez les fruits sauvages, en les bien cultivant.

VIRGILE.
Géorgiques, liv. 2, vers 43 et 44.

PRIX : 50 CENTIMES.

1854

TYPOGRAPHIE DE G. LEYGUES, A VILLENEUVE-SUR-LOT.

ENTRETIENS

AGRICOLES ET ÉCONOMIQUES.

MM. JÉROME, *curé.*
ALPHONSE, *propriétaire-rentier.*
BASILE, *ancien militaire.*
BERNARD, *patron de bateaux sur le Lot.*
LÉON, *propriétaire-cultivateur.*
JULIEN, *charpentier.*
PHILIPPE, *presseur d'huile.*
BONIFACE, *tonnelier-sommelier.*

NUMÉRO PREMIER.

Si l'indulgence de mes lecteurs m'encourage à suivre la voie que je me suis ouverte, je ferai tous mes efforts pour populariser les bonnes pratiques agricoles et économiques : d'autres numéros suivront celui-ci. J'écrirai pour ceux qui ne peuvent avoir de gros livres, et n'auraient pas le temps de les lire.

Entretien Préliminaire et Premier.

M. Basile. — Nous venons, Monsieur le Curé, parler un peu avec vous. Le sujet qui nous occupe n'intéresse pas nous seuls. Nous ne savons pourquoi Dieu nous afflige si fortement.

M. Alphonse. — Il ne doit pas être plus mécontent de nous aujourd'hui qu'hier, cette année-ci que les années passées. Nous n'avons pas trop laissé souffrir les pauvres, malgré la disette et la cherté des grains. La paroisse a fait plus de dépense pour le culte divin qu'elle n'en avait fait depuis longtemps.

M. Léon. — Il faudrait savoir si partout et toujours on a fait de même. Dieu serait-il obligé de faire des lois particulières pour chaque petit lieu et chaque heure ; puis notre mérite n'est pas si grand : nous avons sous les yeux le bon exemple des premières maisons ; et les exemples sont les meilleures leçons, celles qui se font le mieux comprendre. Elles nous porteront toujours à bien faire. Tirons le bien du mal.

M. Basile. — Il faut bien qu'il y ait des gens qui ne sont pas, comme nous, en règle vis-à-vis de celui qui commande en haut et en bas. C'est tout de même fâcheux s'il nous faut payer pour d'autres. C'est un rude traitement que de prendre un homme à la gorge : il n'y a plus de vin dans nos caves, il n'y a pas de raisins sur nos treilles ; c'est donc de l'eau que nous aurons à boire ?

M. Léon. — Il ne paraît pas que tu sois sur le point d'être étranglé encore, tu parles fort à ton aise. Nous venons aussi de voir la manière leste et facile avec laquelle l'excellente bière de Monsieur notre Curé, a passé par ton gosier.

M. Basile. — J'ai, dans nos terribles guerres du Nord, bu souvent de la bière. L'Allemagne est le pays de la bière, pas une contrée, si ce n'est l'Angleterre, ne peut se comparer à elle sous ce rapport. Je ne sais si jamais je ne me suis trouvé à bonne fête alors, mais jamais je n'en bus de meilleure que celle que vient de nous servir M. Jérôme.

M. Jérome. — Jamais je n'ai su jusqu'à ce temps comment on faisait la bière. J'ai étudié cet hiver, à des moments de loisir, quelques livres de brasseurs et de chimistes, dans le but d'être utile à vous et à d'autres. Un père pense à ses enfants : il soigne leur âme, et puis il pense à leurs afflictions temporelles, et voudrait les leur adoucir. En pensant au ciel on n'oublie pas le temps de l'exil. Dieu nous ôte le vin, dont on faisait un abus bien condamnable ; il nous donne bien d'autres fruits. Nous pouvons en faire des boissons fermentées, cidre et poiré, comme dans les contrées où la vigne ne mûrit pas ses fruits. Le seul instrument indispensable pour les bien faire est un pressoir quelconque. Enfin, mon cher Basile, puisque la bière est si fort de votre goût, qu'elle semble vous rajeunir en reportant votre mémoire au temps de vos glorieux exploits, vous emploierez une petite partie de vos grains ou de vos abondantes pommes de terre, pour faire de la bière pareille à la mienne. Si j'ai si bien réussi à ma premiè-

expérience, j'espère faire mieux encore : le proverbe dit qu'en forgeant on devient forgeron : *Fabricando fit faber*. Avez-vous deux futailles vides ?

M. Basile. — O Monsieur ! elles sont toutes vides mes futailles ; et mes voisins et amis en ont bien aussi. Des futailles vides, il y en a partout ; elles ne seraient pas à haut prix si l'on voulait en acheter.

M. Jérome. — Vous avez un chaudron aussi ; eh bien, voilà tout ce qu'il faut absolument pour fabriquer de la bière : du Porter, de l'Ale, du Strasbourg, du Louvain, etc., etc.

M. Léon. — Il faut bien de l'orge ?

M. Jérome. — L'orge est la matière ordinaire, l'élément ancien ; aujourd'hui on en connait d'autres. Je ferais de la bière, moi qui vous parle, avec vos vieilles chemises.

M. Basile. — Vous allez, Monsieur, me dégoûter de la bière, même de celle que vous aurez faite, et à plus forte raison de celle des brasseurs. Je ne veux plus en boire, si je ne l'ai faite moi-même.

M. Jérome. — Votre estomac en sera plus content, étant plus rassuré sur la qualité des ingrédients. Elle vous coûtera cette année-ci moins de cinq centimes la bouteille ; vous savez ce qu'elle coûte chez les débitants.

M. Basile. — J'ai ouï dire en passant en Bourgogne, que c'étaient les religieux Bénédictins qui avaient planté les beaux vignobles de ce pays-là, et y avaient enseigné à faire le bon vin qu'on en retire. — Vous ferez de même pour nous, sous le rapport de la fabrication de la bière.

M. Léon. — Nous avons moins l'habitude de boire de

la bière que M. Basile; mais vous nous avez parlé, Monsieur Jérôme, du *cidre* et du *poiré*. J'ai beaucoup de pommes, M. Julien, mon voisin, a beaucoup de poires; pourrions-nous les employer utilement, comme supplément au vin qui nous manque?

Puisque vous avez su trouver sans apprentissage, et au moyen d'une simple étude dans vos livres, la façon de la bière, vous pourriez bien trouver la manière d'utiliser aussi nos fruits si abondants. Enseignez-nous à faire du cidre de nos pommes et de nos poires, et vous obligerez bien du monde, qui veulent en faire, sans connaître la vraie manière de l'obtenir bon.

M. Alphonse. — Je ne saurai vraîment quelle boisson donner à mes serviteurs et à mes ouvriers; il est bien heureux que nous puissions trouver sous notre main un supplément au vin. Je vendrai certes une assez bonne part de mon vin de réserve aux amateurs riches de la ville, et je boirai moi-même du cidre. Le temps l'améliore-t-il comme il améliore le vin?

M. Julien. — Outre que je tirerai un bon parti de mes poires, et que mon voisin, M. Léon, fera un bon usage de ses pommes, j'ai entendu Monsieur le curé nous dire qu'il fallait des pressoirs; celà fera mon affaire. Il y a longtemps que je n'en fais plus; on fait maintenant peu de pressoirs pour le vin, l'on y emploie même presque autant de fer que de bois. Dites à tous qu'il faut des pressoirs pour le cidre, et je vous serai doublement obligé.

M. Jérome. — Je ne serai pas fâché que vous ayez beaucoup de pressoirs à faire; j'ai l'espoir que le bon temps de nos vignes reviendra; il faudra du vin ayant du corps, pour bien supporter les voyages sur les chemins de fer et sur la mer; alors pour les obtenir tels, il faudra employer le pressoir. C'est une de mes idées fixes.

Quels excellents raisins produisaient nos coteaux et nos terres de cailloux! avec des soins mieux entendus, de quelle réputation jouiraient les vins de cette partie de la côte du Lot! Si M. Basile dans le temps des vendanges était souvent entré dans les celliers de la Bourgogne, il aurait vu partout des pressoirs. Il nous eut appris à son retour la bonne manière de faire de l'excellent vin, même avec des raisins médiocres.

Puisqu'il trouvait bonne la bière dans les pays qui sont au-delà du Rhin, il eut pu, en voyant qu'on en faisait dans chaque maison particulière, se faire initier au secret de sa façon, pour l'enseigner à d'autres et le pratiquer lui-même.

Pour nous, nous apprendrons encore, et nous tâcherons de joindre à la théorie un peu plus de connaissance pratique, pour dire à ceux qui voudront nous entendre, comment avec de l'orge et du houblon, on peut faire la bière la plus saine et la plus ordinaire, pareille à celle que vous avez bue ici.

Nous allons avant nous entretenir sur la bonne manière Normande de faire le cidre, qui est, après le vin, la plus spiritueuse boisson. A demain donc, mes amis! — Avant de nous quitter buvons encore un verre de bière, qui chassera les mauvais soucis de notre esprit. Demain, nous nous mettrons en haute mer pour continuer notre voyage.

« *Nunc pellite curas,*
» *cràs ingens iterabimus æquor.* »

Horat., liv. 1er, ode 7me.

Deuxième Entretien.

M. Julien. — Comme vous voyez, M. Jérôme, nous sommes fidèles au rendez-vous. Il y a néanmoins maître Basile qui, tenant pour la bière et non pour le cidre ne viendra pas. Peut-être même a-t-il été sensible aux reproches que vous lui avez faits de n'avoir rien appris dans ses guerres, si ce n'est à boire de la bière, et du vin dans un autre pays, sans s'informer de la façon. J'ai cru pouvoir conduire ici, pour le remplacer utilement, M. Philippe, notre presseur d'huile; il connait le pressoir, il sait le mettre en mouvement. Ses renseignements pouront nous être utiles.

M. Jérome. — Je vous attendais, et je me suis occupé du sujet que nous avons à traiter, une bonne partie de la nuit, le jour appartenant à mes devoirs d'obligation. Nous allons nous asseoir sous la treille de mon petit jardin; elle nous prêtera sa douce fraîcheur, après les vives ardeurs de ce soleil d'été. C'est tout ce qu'elle peut nous donner cette année-ci : voyez tout ce qu'elle a souffert de la maladie de l'an passé, du froid rigoureux de l'hiver, des pluies survenues pendant sa floraison. Cette horrible lèpre dévore encore cette année les quelques grappes échappées à tant de désastres. Nos savants appellent cette maladie *Oïdium-Tuckeri.* Ils ont beaucoup disserté dans leurs académies, écrit beaucoup de livres, proposé mille remèdes, en pure perte, du moins pour nous. L'état propose toutefois des récompenses bien encourageantes, afin d'exciter leur ardeur à la recherche des causes du mal et de son remède.

Nous n'aurons pas de vin, il sera par son prix au-dessus des moyens de la plupart d'entre nous. En espérant un meilleur avenir, servons-nous des ressources que Dieu nous met sous la main.

M. Alphonse. — De plus, en cas que cette maladie tienne à une cause permanente, ou qu'elle pût revenir nous visiter par temps, il serait bon de planter des pommiers et poiriers, de variétés reconnues aptes à donner les meilleurs et les plus abondants produits.

M. Jérome. — Nous pourrons parler de la culture des pommiers et des poiriers en temps opportun; disons maintenant que généralement l'on nomme *cidre* le jus fermenté des pommes, et *poiré*, le jus fermenté des poires. Comme la manière d'obtenir l'un et l'autre liquide est la même, nous les embraserons tous les deux sous le nom générique de *cidre*, en latin *sicera*.

Les pommes mûres et fraîches contiennent six et demi pour cent de sucre.

Les pommes conservées en tas et ressuées, en contiennent onze et demi pour cent.

Les pommes trop mûres, molles ou blessées, en contiennent huit trois quarts pour cent.

On voit qu'il faut les fruits plus que mûrs, mais non pourris ou sur le point de l'être. En ce dernier état, elles ont perdu plus de vingt pour cent de leur valeur. Si les fruits étaient pourris, il faudrait les jeter; mêlés aux fruits sains, même en assez petite quantité, ils communiqueraient au cidre un mauvais goût. Avant d'être arrivés à cet état, ils ont déjà perdu une bonne partie des éléments de la fermentation. C'est le ferment qui change le sucre en alcool.

M. Léon. — Quel est le temps le plus convenable

pour cueillir les fruits ? comment faut-il les enlever de l'arbre ?

M. Jérome. — Les fruits sont plus précoces, ou plus tardifs les uns que les autres; leur parfum et leur couleur annoncent leur maturité. — On procède à la récolte par un temps sec, et par un beau soleil, après que la rosée est dissipée, et on s'arrête avant que la fraîcheur du soir arrive. On secoue fortement les branches de l'arbre, puis l'on se sert de grandes gaules pour détacher les derniers fruits. Ces gaules sont unies, afin de ne pas blesser l'arbre, et de ne pas détacher les boutons à fruit de l'année suivante.

On met en particulier, en tas peu considérables, les fruits, selon leurs qualités; les aigres, les doux, les amers sont distingués, pour pouvoir les mêler sous les pilons dans de justes proportions. L'on a aussi égard à leur plus ou moins de maturité, et même à la qualité du terroir qui les a produits : une terre humide donne des fruits qui se conservent moins longtemps que ceux d'une terre sèche.

Puis l'expérience apprend comme pour le vin quelle nature de terre et quel aspect du ciel donne les cidres les plus agréables ou les plus durables.

Il serait superflu et trop long de donner le nom des fruits divers que cultivent les divers pays. Leurs noms changent selon le langage des différentes contrées.

En parlant des arbres et de leur culture, nous ferons connaître un jour quels arbres produisent des fruits à cidres.

M. Alphonse. — Tous les fruits ne sont donc pas également bons pour faire du cidre et du poiré?

M Jérome. — Tous les raisins font du vin; la qualité dépend beaucoup des cépages, du terrain, de l'aspect des vignes, des soins qu'on leur donne, de la plus ou moins grande quantité de leurs fruits. Il y a des plans fins et des plans d'abondance. Une vigne vieille donne un meilleur vin qu'une jeune. Les terres caillouteuses ou celles qui sont chargées de gravier donnent des vins plus fins que les terres grasses, fortes, calcaires ; chacun d'eux peut avoir son mérite, surtout si la science vient aider la nature; c'est ce qui manque ici.

Il en est de même pour le cidre et le poiré; mais il serait impossible encore d'établir aucune règle, tant soit peu certaine, vu notre inexpérience à cet égard.

M. Alphonse. — On peut poser quelques principes déduits de la pratique des peuples qui font du cidre de temps immémorial.

M. Jérome. — Vous avez parfaitement raison, et vous ne faites que prévenir ma pensée.

Il faut des fruits rustiques, acerbes, qui aient la chair ferme plutôt qu'aqueuse. Voici ce qu'on lit sur la *Maison rustique*, tome 3, page 256 : « Les pommes » acides rendent beaucoup plus de jus, mais ne font » qu'un cidre sans force, peu agréable, et qui, pres- » que toujous *se tue*, c'est-à-dire se noircit. »

« Les pommes douces produisent en général un cidre clair, agréable, mais fade et sans vigueur. »

« Les pommes amères et âcres au goût donnent un cidre épais, riche en couleur et en force, se conservant longtemps. »

M. Léon. — Ce n'est point à la haute qualité du cidre, encore moins à sa longue conservation que nous tenons. Il est si triste de ne boire que de l'eau, l'élément où coassent les grenouilles et barbotent les canards et tant de hideux insectes, surtout quand on n'y est pas accoutumé, quand on est soumis à de durs travaux, que toute boisson fermentée, ranimant les forces en chauffant l'estomac, nous sera, comme l'on dit, du nectar.

M. Jérome. — Il faut savoir se contenter du nécessaire; mais il est bien permis de se procurer l'agréable, surtout quand on peut l'avoir avec un peu de soins et d'attention de plus. C'est un malheureux système que celui que vous avez ici de ne vouloir point progresser ni quitter le bien pour le mieux, même certain. Cette paresse intellectuelle, qui vous domine en tout, rend tous nos enseignements inutiles.

Comme je ne me permets ce reproche que parce que je vous aime, j'espère qu'il ne vous chagrinera pas; il vous excitera plutôt à faire votre cidre avec des fruits mûrs, sains, bien conservés. Vous suivrez aussi la méthode que je vous indiquerai en prenant mes leçons dans les meilleurs auteurs connus. Revenez demain à cette heure.

M. Julien et M. Philippe. — Quand est-ce que vous parlerez du pressoir?

M. Jérome. — Demain nous parlerons des instruments divers servant à piler les pommes : nous vous les ferons connaître. Quand il sera temps, nous parlerons avec l'enthousiasme d'un lecteur des anciens; nous parlerons avec prédilection du pressoir, ce meuble si utile en d'autres pays, et ici si peu employé, si ce n'est pour l'huile, et chez quelques riches pour le vin blanc.

Chez les Hébreux, au témoignage du Sauveur lui-même, lorsqu'on plantait une vigne, on construisait une tour au milieu, et dans cette tour, on mettait un pressoir pour faire le vin et l'huile provenant des oliviers.

Cette vigne c'est le monde, la tour c'est l'Église; le pressoir figure les épreuves de de la vie présente, d'où viennent les vertus. Le vin c'est la force, l'huile c'est la patience, qui, fondus et mêlés ensemble, font ce baume fameux qui calme et guérit les maux de nos âmes et les blessures que nous fait l'homme ennemi. Le cidre sera pour nous, cette année, ce que serait une oasis d'arbres fruitiers pour le voyageur altéré, traversant un désert de la Lybie.

Troisième Entretien.

M. Alphonse. — Je ne sais, Monsieur, à quoi attribuer mon agitation de la nuit: je plantais des pommiers en lignes, en quinconces, j'en plantais à plein vent, à demi-vent et de nains en espaliers, en cul de lampe; de toutes les façons, en un mot. Je bâtissais un cellier tout exprès et d'avance, pour utiliser mes fruits abondants. Le cidre coulait de mon pressoir, comme l'eau de ma magnifique fontaine.

M. Bernard. — Me voilà quasi consolé, je ne voyais plus du vin du Quercy ni du pays à porter à Bordeaux, Monsieur, j'y porterai votre cidre et celui des autres. Je ne pense plus à vendre ma barque.

C'est malheureux tout de même de n'avoir pas du vin à porter, cela fait qu'on n'en a plus à boire ! On nous en donnait pour notre provision; quelquefois, les éclusiers aidant, on n'en avait plus à moitié route; je laisse le reste de notre histoire. Vous nous donnerez du cidre aussi; j'ai vu là-bas des matelots Normands qui soutenaient que le cidre ne réjouit pas mal les gens, et même ils disaient qu'il enivre.

M. Alphonse. — Mon agitation tenait à votre discours, ou à l'état orageux de la nuit, je le redis, je ne sais. Quels instruments faut-il pour faire du cidre? mon agitation dure encore, c'est singulier. Je me procurerai des pommes, des poires, je laisserai mes voisins pressurer leurs fruits chez moi. Nous ne pouvons penser qu'à faire du cidre, d'autant plus que mon journal du matin disait que c'en était fait de la vigne dans toute l'Europe.

M. Julien. — J'offre à Monsieur mon savoir faire en pressoirs.

M. Philippe. — Prenez garde, Monsieur, si votre cellier devient banal, si tout s'y fait, *gratis* ou non, vous paierez la patente, comme moi; vous serez un industriel tout comme vous avez l'honneur d'être un propriétaire-rentier. Si notre sort vous fait envie, le vôtre m'accommoderait bien : changeons.

M. Jérome. — Nous allons tous rester contents dans le sort où nous a placés la Providence, sans envie de la position des autres. S'il y en a de plus heureux que nous, pensons qu'il y en a un bien grand nombre de plus malheureux. Cherchons patiemment à tirer le bien du mal, si cela nous est possible : il n'y a pas de vin, apprenons à faire le cidre.

Pour faire le cidre, il faut écraser les fruits et les mettre en cet état sous le pressoir.

L'instrument le plus convenable pour écraser les pommes et les poires est le *tour à piler*. Je l'ai vu en mouvement dans les Alpes; il est généralement employé en Normandie. Tantôt il est mû par l'eau, comme les meules à farine, tantôt il l'est par les forces d'un cheval. Tout autre moteur pourrait être employé à cet usage.

Vous, M. Alphonse, vous avez un moulin qui ne sert point, dans le parc même de votre belle maison de campagne, sur ce ruisseau dont l'eau, hélas! s'écoule inutile. Il vous sera facile d'ôter la meule tournante de dessus, vous ferez creuser en auge circulaire celle de dessous, en la forme d'un plat rond et peu profond, à partir de six pouces du bord jusqu'à six pouces du milieu; un ou deux cylindres en ormeau tortillard, qui est excellent pour cet usage, fixés à l'arbre moteur, tournant verticalement, comme tournent des rouleaux, écraseront les pommes.

Vous pourrez ménager l'eau: le rouet n'ayant pas à donner l'impulsion à une pesante meule, tournera facilement. Un homme, une légère palette de bois à la main, repoussera les fruits qui tendraient à sortir de l'auge, et de temps en temps, si l'on ne tient pas à faire du cidre absolument pur, ajoutera de l'eau, plus ou moins, à la pâte des pommes. On remplace les fruits pilés par d'autres.

M. Philippe. — Avec ma lourde pierre j'écraserai bien mieux les fruits, ce me semble; elle est si forte que, un gros cheval a peine à la faire marcher.

M. Jérome. — Nous l'avons déjà dit, le tour à piler est souvent mis en mouvement par un cheval. Il faudrait que l'auge de votre tour fut plus grande, afin de contenir plus de fruits, et votre meule de pierre bien plus petite que celle qui serait en bois. Il est essentiel de ne point écraser les pepins des fruits; ils donneraient au cidre un goût fort désagréable, par leur huile qui le rancit.

Les meules et l'auge sont de deux formes: les unes sont longues de trois à cinq pieds, sur dix-huit ou vingt pouces de diamètre et ont la forme d'un rouleau, arrondi par les bouts. Le bout extérieur est plus gros que l'intérieur, et l'auge a la forme que nous avons décrite plus haut.

Les autres meules sont des roues pleines, verticales, assez grandes : elles ont cinq pieds de hauteur et seulement six pouces d'épaisseur. Il peut y en avoir deux qui se suivent.

Elles tournent dans une auge circulaire, creusée près du bord extérieur du tour. On donne à cette auge plus de largeur sur le haut que sur le bas : sur le haut elle a un pied d'ouverture; sur le bas, la sole n'a que six pouces. La profondeur de l'auge est d'un pied, et sa longueur, presque égale à la circonférence du tour, est de dix-huit pieds.

M. Léon. — Je vois que ces instruments seront coûteux à établir. M. Philippe voudra sans doute laisser son tour en l'état où il doit être pour faire de l'huile cet hiver. N'y a t-il point d'instrument plus simple pour écraser les pommes? Si nos vignes venaient à n'être plus malades, nous ne ferions du cidre que pour ne pas jeter toutes nos pommes dans une autre auge que je ne nomme point.

M. Jérome. — Il y a les cylindres usités en Picardie et en Angleterre. Ces machines se composent de trois rouleaux tournants, au moyen d'un système d'engrenage. Un des rouleaux, armé de couteaux, coupe les pommes, les deux autres les écrasent. Un homme seul, au moyen d'une manivelle, faisant tourner les cylindres l'un contre l'autre, peut écraser un hectolitre de pommes en dix minutes. Il y a d'autres machines à deux cylindres. Si quelqu'un voulait faire construire un de ces deux instruments, j'en donnerais une description plus détaillée, et j'indiquerais où s'en trouvent les plans et figures.

M. Julien. — J'ai déjà fait du poiré à ma manière, et je n'ai pas eu besoin d'instruments si perfectionnés pour écraser mes poires.

M. Léon.—Mon voisin a pilé ou écrasé trois corbeilles de poires environ, et ce n'est qu'avec plus des trois quarts d'eau, qu'il a pu avoir une barrique de liquide. Quel nom donner à cette boisson ?

M. Jérome. — La vieille *maison rustique* nous apprend qu'en Normandie une pareille boisson se nomme *picasse*. On peut, pour la provision d'une famille, même nombreuse, faire du petit cidre, imiter M. Julien en cette première opération : il a écrasé ses fruits dans une auge avec un pilon ; c'est la méthode ancienne, c'est la plus simple ; mais elle ne fait pas assez d'ouvrage. Elle serait la plus coûteuse s'il fallait employer des bras étrangers. Elle présente cet avantage, qu'on n'emploie que des ustensiles en bois. Le fer noircit le cidre, la pierre écrase les pepins. Le cidre fait avec des instruments en bois est le plus délicat.

On se procure le tronc d'un gros arbre, long de cinq à six pieds; on le creuse en auge; on laisse aux parois et au fond une épaisseur de trois pouces. Les pilons sont une espèce de massue, telle que celle dont se servent les paveurs. Elle est percée à six pouces du haut, et l'on passe dans l'ouverture un manche horizontal de la grosseur d'un bâton ordinaire, de deux pieds de long. Ce manche donne aux deux mains la facilité la plus grande pour laisser retomber le pilon avec toute la force voulue, et le relever aisément.

M. Julien. — Cela se faisait ainsi, dites-vous, autrefois en la Normandie; c'est donc de l'art à sa naissance. Voilà pourquoi cette idée m'est venue la première. Je comprends assez la manière des autres instruments, et puisqu'il les faut en bois, j'y penserai pour ceux qui pourraient vouloir de l'art en sa dernière perfection.

M. Jérome. — Nous recommanderons votre talent pour tailler le bois.

M. Alphonse. — Nous planterons des pommiers; mais en quelle place, sur le coteau ou dans la plaine?

M. Jérome. — Soit dit en passant, pour faire du cidre, on plante seulement des arbres à plein vent, francs de pied et antés sur sauvageon. Les pommiers viennent dans tous les lieux où on les plante; ils préfèrent le bord des eaux. Horace vantait de son temps les vergers de Tibur, arrosés par des canaux d'eau courante :

« *Uda mobilibus pomaria rivis.* »

M. Alphonse. — Dans mon idée j'ai donc déjà transformé ma *moulinate* oisive, en tour à piler les pommes.

Je l'aurais volontiers prêté aux voisins, mais s'il faut passer pour un industriel et payer une patente, j'aime mieux l'affermer comme mes autres moulins, sous la condition d'y piler mes pommes.

M. Bernard. — Si ce n'est moi ce sera ceux qui viennent après moi qui transporteront votre cidre, en attendant cet heureux temps, ce sera moi, votre plus près voisin, qui affermerai votre cellier à cidre.

M. Philippe. — Je vois bien que tout cela ferait ma part de travail bien petite. J'écouterai les conseils de M. Jérôme, au moins sur ce chapitre, ne l'ayant jamais guère écouté sur tant d'autres; je modifierai et ma vie et mes instruments, je me rendrai recommandable, et je serai recommandé. Nous y gagnerons tous : M. Jérôme du contentement, moi de l'argent et de l'estime, et le public de pouvoir faire aisément son cidre chez moi.

M. Jérome. — J'aime à vous voir secouer ainsi cette torpeur intellectuelle et morale, dont je me suis toujours plaint. Elle est le plus grand obstacle à tout progrès, et l'ennemie la plus terrible de tout bien pour la vie présente et future. Le mouvement, c'est la vie; le travail, c'est la richesse, honnêtement acquise, honnêtement conservée, plus honnêtement employée. Le dégoût, l'indifférence, l'apathie, le laisser-aller, c'est la ruine, c'est la mort. Mettons-nous à la tête du mouvement, si nous le pouvons ; et nous le pouvons, si nous le voulons.

A moins d'une vocation bien marquée du doigt de Dieu, ne demandez pas des emplois à l'État; les places sont assiégées de solliciteurs. Heureux, dit le poete aimé des sages à cause de la justesse de ses idées et de la convenance de l'expression, heureux qui habite les champs sous le toit qui le vit naître ! Il ne sait point ce que c'est que d'avoir des besoins factices et de se créer des embarras et des dettes. Les champs paternels cultivés par ses mains fortes lui fournissent en abondance une nourriture saine et agréable : sa table est toujours chargée de mets qu'il n'a point achetés. Le bruit des armes ne vient point tous les jours interrompre son repos et troubler son sommeil. Il ne connaît guère ni les embarras des procès ruineux, ni l'ennui des sollicitations à faire pour implorer la faveur ou l'assistance des grands. Couché à l'ombre fraîche des arbres, il voit errer autour de lui les bœufs, patients compagnons de ses fructueux travaux. Pour lui quel plaisir au printemps de considérer ses vergers couverts de fleurs; en été il voit jaunir les riches moissons. L'automne lui prodigue les fruits les plus savoureux, et les raisins dont la couleur est aussi merveille que la pourpre qui couvre les rois. De ces fruits il fera du cidre, de ces raisins il fera du vin, qui réjouiront et réchaufferont son cœur et celui de ses nombreux serviteurs et de ses amis aux jours sombres de l'hiver. Alors dans un large foyer brûleront presqu'entiers et le noueux ormeau et le chêne robuste. La famille nombreuse formant autour du feu comme une vivante couronne, fera dans ses chants pieux et ses jeux innocents éclater la joie la plus vive et la plus douce.

L'État ne peut donner d'emplois à tous ceux qui en sollicitent. La terre, cette mère nourrice de tous les hommes, aura toujours son sein assez vaste pour embrasser tous ses enfants, et assez fécond pour les abreuver largement de son lait généreux. Je m'écrie donc avec un autre poète du même temps :

« *O fortunatos nimium, sua si bona norint agricolas !* »

Quatrième Entretien.

M. Julien. — Nous disions entre nous, M. Jérôme, avant que vous fussiez entré, que si le jus abondait sous le pressoir comme les belles paroles en votre bouches, nous ferions assez de cidre pour notre provision. Ce n'est pas que vos discours nous fatiguent ; bien loin de là : ils nous charment. Il nous tarde seulement un peu de savoir comment les pommes pilées sont placées sur la maie du pressoir.

M. Jérome. — Je conçois votre empressement à connaître l'office du pressoir. C'est en effet le seul instrument qu'on puisse dire indispensable pour la façon du cidre. Je vous prie de m'excuser pour mes longs discours : dès les temps les plus anciens, au témoignage d'Homère, les vieux ont été de grands parleurs.

M. Bernard. — C'est votre art à vous que le parler, comme le mien est de battre l'eau, soit avec le gouvernail, soit avec les avirons. La bonne parole est la maîtresse de la vie ; et, soit dit en passant, il y a tant de gâte-métiers en cela, qu'il n'est pas trop d'un homme par paroisse pour le faire en bonne conscience et droiture. Les mauvais discours sont toujours trop longs ; les bons sont toujours trop courts.

M. Léon. — Je ne croyais pas notre M. Bernard si habile à débiter des sentences.

M. Bernard. — C'est que je profite singulièrement à votre école. Si je continue d'y venir, je pourrai peut-être un jour faire la leçon à d'autres.

M. Jérome. — Oui, le feu jaillit de deux cailloux, dès qu'on les frappe l'un par l'autre. Un flambeau brûlant peut en allumer bien d'autres.

Les pommes et les poires pourries ont été jetées aux pourceaux; on a pilé les bonnes : les plus gros fragments sont de la grosseur d'une noisette. On arrange ce marc en un tas carré sur le tablier du pressoir. Ce tas peut s'élever à trois pieds de hauteur, et même plus, et avoir à sa base cette même dimension. Sur chaque couche de marc, ayant six pouces d'épaisseur, on met à l'entour un lit de longue paille, sortant de la moitié de sa longueur. — L'extrémité, qui dépasse la motte est reployée du dehors en dedans. Sur la dernière couche de marc vient s'abattre le plateau supérieur du pressoir.

M. Philippe. — Avec mon pressoir, à vis de fer, qu'on serre à volonté, par le moyen d'un volant, ou roue horizontale, et avec un fort levier, et avec la roue verticale tirant le cable, qui s'enroule sur le cabestan, je suis assuré de réduire tout le fruit en suc, de sorte qu'à la fin il n'en restera rien.

M. Jérome. — On n'y va pas si vite; cette opération se fait avec plus de ménagement. La pression doit être lente, douce et graduée, toujours cependant de plus en plus forte. Un jour entier n'est pas trop long pour le premier pressurage.

Le premier jus qui coule comme de lui-même, sous

le poids seul de la motte, s'appellerait le cidre de la *mère goutte*, si l'on n'y a pas mis de l'eau, et serait le plus excellent.

M. PHILIPPE. — Ce doit être assez long et assez difficile à faire, qu'une pareille motte, ainsi habillée de paille. Mon grand baquet de fonte, où je mets la pâte du lin et autres graines, irait bien mieux : la motte serait ainsi toute faite; je n'aurais qu'à changer mes toiles.

M. JÉROME. — J'ai déjà dit qu'il fallait proscrire absolument, pour la confection du cidre, tous les instruments en matière de fer. Si vous coupez une pomme, une poire, avec un couteau, le fruit devient noir, et le fer aussi. C'est l'*acide gallique* qui produit cet effet. Les fruits ont d'autres acides encore, qui, exerçant leur action sur le fer, le décomposent : voilà pourquoi chez les riches on a pour le dessert des couteaux galvanisés d'or ou d'argent. Le fer et l'acide gallique forment la base de l'encre ordinaire.

Affermissez un fort plancher ou tablier, sur la semelle de votre pressoir, entourez ce tablier d'un fort rebord bien joint; ou bien seulement creusez-le en gouttière tout à l'entour, faites arriver cette gouttière sur le devant, à un avancement de six pouces de large, plus fortement creusé, et qui se nomme le *béron*.

Si l'on se servait de toiles pour serrer la motte, elles devraient être en crin; c'est ainsi qu'elles sont en Angleterre.

Sous le plateau coulant, ou sous le *mouton* du pressoir, mettez un second plancher, qui vienne s'ajuster exactement sur le tablier.

Ou mieux encore, sur le tablier, établi comme nous

venons de le dire, placez un cuvier, d'une dimension convenable, fortement cerclé, et percé sur les parois d'un grand nombre de trous. Un fort disque, entrant dans le cuvier, poussé par une pièce ronde et épaisse, de bois, placé sous le *mouton*, fera jaillir facilement le jus.

Je n'entrerai point dans la description des divers genres de pressoirs, et des pièces qui les composent, ce serait l'affaire de M. Julien. Je crois qu'il saurait mieux en exécuter un que le décrire. Les termes techniques dont il aurait à se servir, n'auraient rien de bien attrayant pour vous.

M. Julien. — Qu'on mette mon savoir faire à l'épreuve, et on verra si Julien sait faire un pressoir, tel qu'on le voudra; on n'aura qu'à m'en montrer la figure et à m'indiquer la grandeur.

M. Alphonse. — Je crois avoir entendu qu'on peut piler les pommes sans eau, et alors on a du cidre pur. Si on y met de l'eau, on désigne le produit par un autre terme?

M. Jérome. — Ce que vous venez de nommer le cidre pur, c'est le *gros cidre*, y eut-il même un peu d'eau ajoutée en pilant les pommes.

Mais lorsqu'il ne coule plus de jus de la motte, on lève le *mouton*. On remet le marc sous la meule ou les pilons, on le triture de nouveau en y ajoutant un quart de son poids d'eau : 25 litres pour 100 kilogrammes. On presse de nouveau; si l'on ajoute ce second produit au premier, on aura du *cidre moyen;* souvent il peut passer pour du *gros cidre*. Ceux qui vendent tout leur gros cidre, ont besoin de boisson pour leur provision;

ils triturent le marc une troisième fois, ajoutant de l'eau à raison de trente-cinq pour cent du poids du marc : pour 100 kilogrammes 35 litres d'eau. Si l'on joint ce produit au second, on a du *petit cidre*. Le cidre serait très-bon, si les trois produits étaient mêlés ensemble ; c'est ce que font même les riches.

Il est bien entendu qu'il faut n'employer que de l'eau propre, et non point de l'eau corrompue des mares.

M. Léon. — Faut-il beaucoup de fruits pour faire cent litres de cidre, soit du *gros*, soit du *moyen*, soit du *petit* cidre ?

M. Jérome. — Il faut, selon la manière de compter des Normands, deux cent trente-quatre kilogrammes de fruit pour un hectolitre de gros cidre.

Cent quarante-six kilogrammes un quart ferait un hectolitre de cidre moyen.

Soixante-dix-huit kilogrammes de fruits produiraient un hectolitre de petit cidre.

Je compte sur le pressoir pour faire donner aux fruits tout le suc qu'ils contiennent.

D'après ce calcul, 2,340 kilogrammes de fruits donnent 10 hectolitres de gros cidre ; 16 hectolitres de cidre moyen ; 30 hectolitres de petit cidre. — C'est ce petit cidre qui est la boisson la plus commune ; elle est aussi la plus saine. Ainsi faite, elle peut, dans une cave assez fraîche, durer deux ou trois ans.

Si l'on n'a pas assez de fruits pour faire une charge de pressoir, l'on s'associe avec son voisin. Chacun pèse le fruit qu'il fournit, et peut savoir ainsi facilement quelle quantité de cidre lui revient.

Ah ! si vous vous étiez trouvés avec moi, dans un vasle cellier des pays alpins, lorsque l'on y presse ou le vin pourpré ou le cidre écumant, vous auriez vu quelle joie régnait parmi ces heureux villageois; avec quelle cordialité ils se faisaient fête les uns aux autres, et mettaient de côté la part de ceux qui n'ont ni vignes, ni vergers.

Avouez, mes chers amis, que certains d'entre notre peuple avaient bien besoin de cette forte et sensible leçon que nous donne la providence. La vérité éternelle a dit que rien n'arrivait sans sa permission.

Quel abus ne faisaient pas du vin certains hommes? j'en connais qui se faisaient gloire de n'avoir jamais mis de l'eau dans leur vin. D'autres, dans des maladies d'une nature inflammatoire, refusaient d'obéir au médecin; ils voulaient du vin, d'où sortait leur mal, pour tout remède; ils jetaient ainsi de l'huile sur la flamme, et ils aimaient mieux mourir que de mouiller leurs lèvres enflammées, d'un peu de tisane ou de bouillon. Les ouvriers ne voulaient boire que du vin pur, et les exemples, trop nombreux en ces derniers temps d'apoplexie, de paralysie, de tremblements nerveux, de morts subites, n'avaient rien qui les effrayât.

Que ne pourrais-je point dire sur la stupidité et l'endurcissement moral dans lequel l'ivrognerie plonge les âmes, destinées à tant de gloire dans le ciel? Je leur dirai avec un payen: « apprenez qu'il y a une justice » divine qui punit le désordre, et craignez la divinité. »

« *Discite justitiam moniti, et temnere divos!* »

Cinquième Entretien.

M. Julien. — Le public croit que nous nous occupons d'affaires très-sérieuses, et la curiosité porte bien des gens à nous questionner sur le sujet de nos entretiens. J'ai répondu que l'on s'occupait des moyens de se procurer des boissons saines et même agréables, afin que l'on n'eût pas trop à souffrir du manque de vin.

M. Boniface, notre tonnelier-sommelier, m'a dit s'intéresser par état à nos recherches, pour connaître la nature du cidre, sa confection et les soins qu'il demande. M. Philippe l'avait déjà consulté sur le cuvier percé, à mettre sur le tablier, pour éviter d'avoir à façonner chaque fois la motte de marc.

M. Philippe s'occupe à calculer si les avances qu'il devra faire ne seront pas compromises. Il craint la concurrence : un ouvrier mécanicien, ayant une vis de pressoir, se propose de la mettre à profit; déjà il a mandé des ouvriers, et fait publier que sous deux ou trois jours, il pourrait fournir un pressoir monté à tous ceux qui voudraient faire du cidre et du poiré. L'émulation peut gagner d'autres personnes. Il faut espérer que l'on aimera mieux dépenser quelque peu d'argent et avoir du cidre fait selon l'art, que d'avoir *gratis* ce que vous nommez avec la vieille *maison rustique* de la *picasse*. C'est assez d'y employer les mauvais fruits qui tombent avant leur maturité.

M. Boniface. — C'est que le vin manque; je n'ai plus d'ouvrage. Si le cidre doit remplacer le vin, ne fut-ce que pour cette année, on me priera de l'entonner, de le soutirer. Le boit-on de suite? Quel temps lui faut-il pour se faire? Se met-il en bouteilles?

M. Jérome. — Il faut faire plus, M. Boniface, que d'associer vos soins à ceux de M. le presseur : il faut lui amener du monde. Dissuadez ceux qui vous emploient de faire un mauvais cidre en faisant cuver des pommes dans une futaille avec beaucoup d'eau. Dites-leur que le pressoir est indispensable. Ne consentez à soigner que de vrais cidres, qui ne compromettront pas votre réputation de bon sommelier.

L'isolement est mortel en tout : ce n'est que par l'union des forces que l'on vient à bout des entreprises les plus difficiles. Que ne pourrait point faire un riche millionnaire, s'il voulait? Dans une commune il y a bien vingt propriétaires-cultivateurs ayant cinquante mille francs; s'ils s'associent, voilà le millionnaire trouvé. Puis l'expérience de chacun profite à tous, et celle de tous profite à chacun. Un rusé diplomate disait : « Je connais quelqu'un qui a plus d'esprit que personne; ce quelqu'un c'est tout le monde. » Je connais, dirai-je à mon tour, quelqu'un plus puissant qu'homme qui soit en ce monde; ce quelqu'un c'est une vaste réunion de forces individuelles. Qui romprait une corde composée de beaucoup de mailles fortement tordues? Voyez quel poids supportent les cordes en fils de fer qui soutiennent les ponts suspendus.

Nous avons laissé le moût s'échappant du cuvier ou de la motte par le *béron* du tablier, et tombant dans une tinette, placée au-dessous, nommée *barlong*. On le retire de là, au moyen d'une *seille* ou *broc*, pour le mettre dans une barrique ou autre futaille, qu'on puisse remplir. On a soin de suspendre au *béron* un petit panier ouvert, à demi plein de paille, afin de retenir soit les pépins, soit les fragments de fruits.

L'ouverture de la bonde doit seulement être recouverte d'un linge mouillé, afin de laisser échapper le gaz abondant qui se développe dans le cidre pendant la première fermentation, dite tumultueuse. Par son ébulition, le cidre rejette au-dehors toutes les matières épaisses.

Peu à peu la bonde se ferme au moyen de fortes écumes; on les y laisse durcir, afin que l'air pénètre moins dans le liquide. On dit alors qu'il a fait son *chapeau.*

La nature du cidre, la température de l'air, qui ne sont pas semblables, empêchent de déterminer le temps précis que dure ce premier état. Dès qu'on n'entend plus de bruit, on peut soutirer le cidre dans la pièce où il attendra sa consommation. On tient dès-lors toujours le tonneau rempli. Si l'on veut le soutirer encore, c'est un mois après. On peut l'expédier en cet état, pourvu que le temps ne soit pas trop chaud. Le gros cidre livré au commerce devrait recevoir avant de partir une portion de moût frais, afin que si l'on veut y ajouter de l'eau, la seconde fermentation qui se déclarerait, l'empêchât de devenir *plat*, ce qui arrive quand on y met l'eau après sa fermentation finie.

C'est en effet pour pouvoir y ajouter de l'eau que l'on vend du gros cidre, c'est aussi de la part des distillateurs, afin qu'il fournisse plus d'eau de vie sous un volume connu. Le cidre de poires en fournit plus que celui de pommes. Une autre raison, c'est qu'il en coûte moins de frais de port et que les droits de l'Etat frappent également et le gros et le petit cidre.

Ceux qui aiment le cidre doux et sucré le boivent après sa seconde fermentation : il pétille alors dans le verre, l'acide carbonique se dégageant avec un petit éclat de chaque globule de la mousse.

C'est une liqueur plus vineuse après quatre mois; c'est ainsi qu'elle convient aux connaisseurs des pays à cidre. Alors, disent-ils, le cidre est *paré ;* il a ses qualités, son goût propre.

C'est aussi le moment de le mettre en bouteilles de verre ou de gré. Il s'y conservera plus ou moins de temps selon sa nature et sa force : un long temps ajoute rarement à sa bonté; deux ou trois ans sont une assez longue durée. Plusieurs cidres mis en bouteilles se conservent huit ans et plus, sans altération.

M. Julien. — En eussions-nous assez pour la provision de l'année !

M. Bernard. — Je me contenterai en buvant du cidre, s'il est aussi énergique que le vin de Cahors !

M. Léon. — La bouteille du coin le plus enfoncé du caveau n'est pas à dédaigner, je pense. Quand on veut fêter un ami, un parent, qui viennent nous faire honneur, on n'oserait pas trop leur présenter une boisson nouvelle.

M. Alphonse. — On conserve au vin de Champagne sa propriété qu'il a de mousser fortement, peut-on la conserver au cidre? S'il en est ainsi, j'en serai plus fortement excité à cultiver les pommiers, fallut-il en faire venir les plans du pays Normand.

M. Jérome. — On croyait autrefois que c'était le savoir faire du tonnelier et la nature de certaines drogues qui rendaient mousseux le Champagne. On sait aujourd'hui que la qualité des terres y est pour la meilleure part. Les terres crayeuses et marneuses de nos coteaux feraient du vin mousseux, en le traitant comme il doit l'être; je le sais par expérience. On rend facilement mousseux des vins qui ne le seraient pas naturellement. Nous pourrons nous occuper de ce sujet quand nos vignes seront délivrées du fléau qui les ravage.

M. Alphonse. — Les plaisirs variés sont plus piquants : j'aimerais à donner à mes amis tantôt du vin, tantôt du cidre, moussant à l'envi l'un de l'autre.

M. Jérome. — Pour que le cidre reste mousseux et chasse à grand bruit et le bouchon et ses bouillons impétueux, il faut empêcher le plus possible l'activité de la première fermentation. On soutire le cidre d'un tonneau dans un autre, dès que la fermentation s'annonce, d'abord souvent, puis plus rarement. On rend muette la fermentation en faisant brûler une mèche soufrée dans la futaille. On peut se servir d'alcool pour obtenir le même effet; le soufre qui se fond donne souvent un mauvais goût au cidre, faute d'un petit instrument, comme un plateau de trébuchet, qui recueillerait les gouttes du soufre.

On jette par la bonde dans le tonneau un verre d'esprit de vin; on agite le tonneau de manière à mouiller tout l'intérieur; on ouvre la bonde; on laisse couler l'esprit de vin devant, sur le bas, par une ouverture de fausset; il tombe sur une assiette, on y met le feu qui se communique à toute la pièce; le tonneau est bonifié.

Dès que le moût a été bien clarifié par ces divers soutirages, qui peuvent prendre deux mois de temps, on met le cidre en bouteilles. On bouche, on ficelle, on goudronne les bouteilles, que l'on met dans une cave fraîche.

Deux autres mois après on peut servir à ses amis cette joyeuse boisson au dessert. Elle égayera la conversation, et lui donnera toute la pétulence ordinaire en ce cas au caractère français.

On se souvient pourtant de cette leçon que donnait un ancien : « Ami, souviens-toi de tempérer toujours ta
» joie et de l'empêcher d'être offensante, lors même
» qu'assis sur le verdoyant gazon, au lieu où le pin et
» le haut peuplier associent leur ombre, tu te livrerais
» au plaisir de boire le meilleur falerne.

» *Hor. liv* 2, *ode* 3. »

Et la considération que mettait en avant ce payen, c'est qu'il faut mourir.

M. Léon. — Il peut être bon de mettre en commun ses joies : on se dédommage ainsi un peu des peines qui sont communes, et de celles qui, étant particulières, excitent notre sympathie, et font d'une affection individuelle une affection générale.

M. Jérome. — Vous venez d'exprimer un sentiment gravé par la main divine dans l'âme humaine. Le poète que je viens de nommer ne l'a pas méconnu, il dit :
» Les hommes rient avec ceux qui sont joyeux ; ils
» pleurent avec ceux qui sont dans la tristesse :

« Ut ridentibus arrident, ità flentibus adflent. »

Maintenant ce sentiment est formulé en précepte à nous chrétiens par le grand apôtre St-Paul, parlant au nom du St-Esprit : « Réjouissez vous avec ceux qui se

» réjouissent ; pleurez avec ceux qui pleurent :

« Gaudete cum gaudentibus, flete cum flentibus. »

aux Rom. 12, 15.

Associez aussi vos travaux, vos ressources, vos intérêts ; vous n'êtes faibles que parce que vous êtes divisés. Un empire est l'association de tous les individus d'un même pays, pour la commune défense, pour la commune prospérité. C'est pour ce but que vous remettez tous les ans dans la main du Prince, et la vie de vo enfants, et d'immenses richesses. Quelles grandes choses peut faire un État, quand il jouit de la paix ! quelles merveilles ne produisent pas les sociétés qui se sont fondées en France, pour tant d'objets divers d'utilité publique.

La communauté des sentiments religieux de nos pères, avait couvert notre sol des plus admirables monuments ; ce n'étaient en toutes nos villes, et jusqu'à nos bourgades, que belles églises, superbes monastères, et commodes retraites pour toutes les sortes de misères humaines ; elles allaient là se réfugier, se consoler mutuellement et s'y donner la main pour franchir les abîmes ouverts sur la terre, et gravir ensemble les hauteurs des cieux. C'est là qu'on pourra dire : « Quoique nous » soyons plusieurs, nous ne faisons qu'un seul corps. »

« Unum corpus multi sumus. »

FIN.

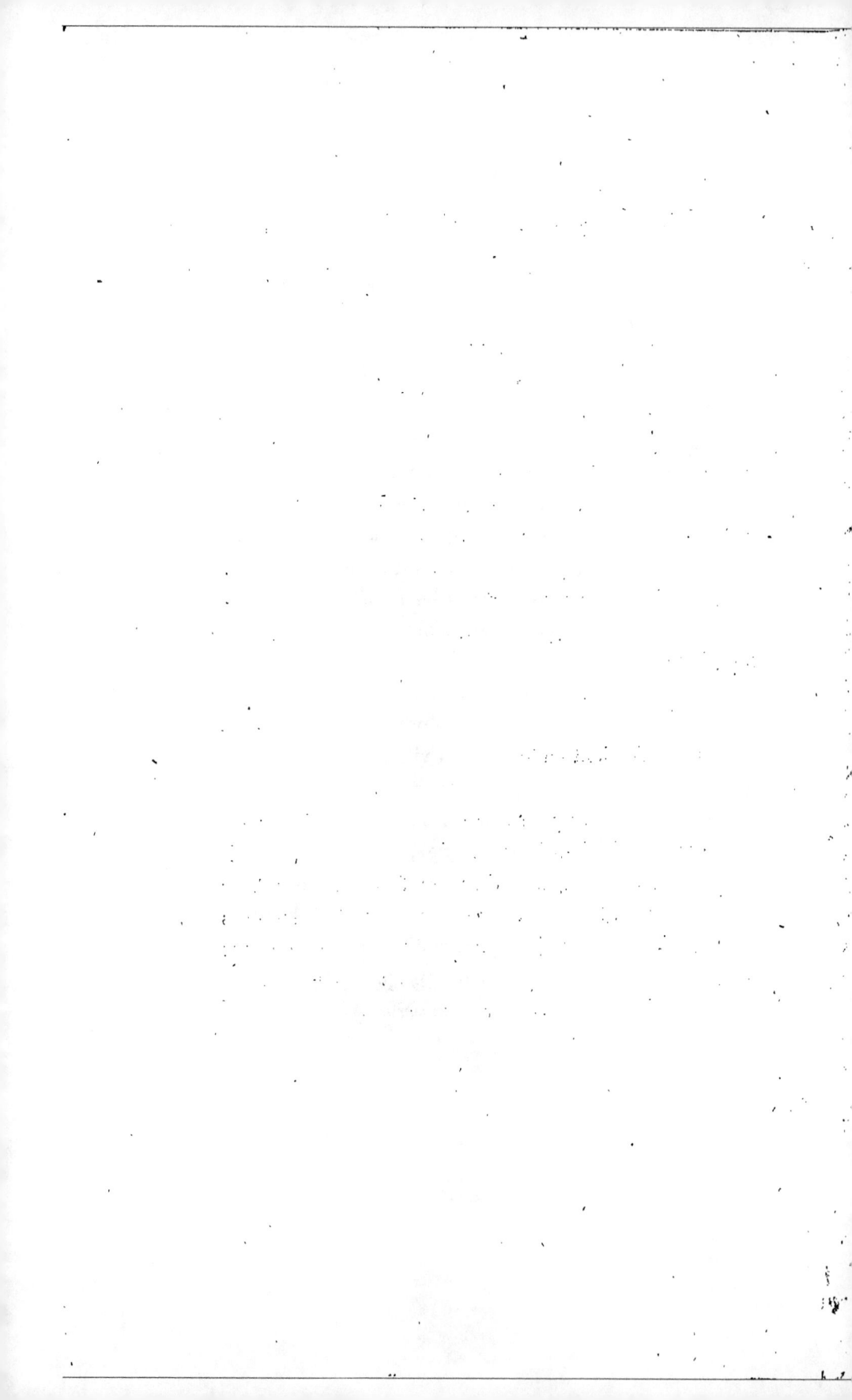

www.ingramcontent.com/pod-product-compliance
Lightning Source LLC
Chambersburg PA
CBHW060503210326
41520CB00015B/4075